Souhail Aboulfadl

Effet de l'accumulation du cadmium chez les plantes

AF523248

Souhail Aboulfadl

Effet de l'accumulation du cadmium chez les plantes

Interaction Cd^{2+} - plantes

Noor Publishing

Imprint
Any brand names and product names mentioned in this book are subject to trademark, brand or patent protection and are trademarks or registered trademarks of their respective holders. The use of brand names, product names, common names, trade names, product descriptions etc. even without a particular marking in this work is in no way to be construed to mean that such names may be regarded as unrestricted in respect of trademark and brand protection legislation and could thus be used by anyone.

Cover image: www.ingimage.com

Publisher:
Noor Publishing
is a trademark of
Dodo Books Indian Ocean Ltd., member of the OmniScriptum S.R.L Publishing group
str. A.Russo 15, of. 61, Chisinau-2068, Republic of Moldova Europe
Printed at: see last page
ISBN: 978-620-4-71986-3

Copyright © Souhail Aboulfadl
Copyright © 2022 Dodo Books Indian Ocean Ltd., member of the OmniScriptum S.R.L Publishing group

Effet de l'accumulation du cadmium chez les plantes

Mr. ABOULFADL Souhail

Dédicace

Je dédie ce modeste travail à :

Ma très chère et douce mère, Je n'oublierai jamais tous les sacrifices que tu as faits pour moi. J'espère que tu es fière de moi.

Mon très cher père, à qui j'adresse à Dieu mes vœux les plus ardents pour la conservation de leur santé et de leur vie, pour tous les sacrifices et les efforts qu'ils ont consentis pour mon éducation ainsi que ma formation.

Merci pour votre amour et pour toutes les valeurs que vous m'avez enseignées.

Merci pour votre soutien, c'est aussi grâce à vous que j'en suis là.

Pour chers frères et sœur.

Merci pour cet esprit de famille qui m'a apporté l'équilibre dans ma vie.

Pour mes très chers ami(e)s et à tous ceux qui me sont chers.

A tous les biologistes et à toute la promotion de biodiversité et environnement ainsi que celle de la biotechnologie et amélioration des plantes 2013-2014.

Remerciements

Avant tout j'adresse mes remerciements à ALLAH, le tout puissant pour la volonté, la santé et la patience qu'il m'a donné pour la réalisation de ce travail et que j'espère être utile.

Ce travail établi dans le cadre du Projet de Fin d'Etude, a été mené à la Faculté des Sciences de Rabat.

La réalisation de ce travail n'aurait pu être accomplie sans la contribution de certaines personnes que je tiens à remercier.

Mes vifs et sincères remerciements à mon encadrant Mr. Hossin Zaïd professeur à la faculté des sciences Rabat pour sa disponibilité, son aide et son encouragement.

Je tiens particulièrement à remercier vivement le responsable de module Mr. Z. Triqui professeur à la faculté des sciences Rabat et le coordonnateur de filière Mr. K. Taghzouti professeur à la faculté des sciences Rabat pour leurs directives, conseils et encouragements.

Je remercie enfin les membres de jury : Mr. Z. Triqui et Mme. L. Sbabou pour avoir accepté d'évaluer ce travail.

Pour finir, j'exprime ma gratitude pour toutes celles et ceux qui m'ont aidé de près ou de loin à réaliser ce travail.

Résumé :

Les métaux lourds sont des substances polluantes très redoutables puisqu'ils ne se dégradent pas et peuvent ainsi persister durant une longue durée dans l'environnement. Le cadmium (Cd) est classé parmi ces métaux lourds les plus toxiques, et représente un danger potentiel par bioaccumulation le long de la chaîne trophique. Il est associé à plusieurs procédés industriels modernes, et est absorbé par les végétaux en quantités importantes à partir de l'eau et du sol contaminés. Il a aussi de nombreux effets indésirables sur la santé chez les animaux de laboratoire et chez l'homme, en ciblant les reins, le foie et le système vasculaire. Dans ce travail, nous nous sommes intéressés aux effets de l'accumulation du cadmium sur les processus majeurs chez les plantes, notamment la photosynthèse, la respiration, la nutrition hydrique, minérale et azotée. Enfin, une attention particulière est portée aux solutions biologiques possibles pour la dépollution des sols tout en respectant l'environnement, notamment la phytoremédiation.

Mots-clefs : Cadmium, hyperaccumulation, métallotolérance, pollution, métaux, phytoremédiation.

Abstract :

Heavy metals are very daunting pollutants as they do not degrade and thus can persist for a long time in the environment. Cadmium (Cd) is ranked among the most toxic heavy metals and it represents a potential danger bioaccumulation along the food chain. It is associated with many modern industrial processes, and is absorbed by plants in large quantities from water and contaminated soil. It also has many adverse health effects in laboratory animals and humans, targeting the kidneys, liver and vascular system. In this work, we investigated the effects of the accumulation of cadmium on major processes in plants, including photosynthesis, respiration, water nutrition, mineral nutrition and nitrogen nutrition. Finally, special attention is paid to the possible biological solutions for soil remediation that is respectful of the environment, including phytoremediation.

Keywords: Cadmium, hyperaccumulation, metallotolerance, pollution, metals, phytoremediation,

SOMMAIRE

Liste des figures

Liste des tableaux

INTRODUCTION GENERALE

Un métal ou bien un élément trace métallique (ETM) est un élément chimique caractérisé par une forte conductivité thermique et électrique, un éclat particulier dit « éclat métallique », une aptitude à la déformation et une tendance marquée à former des cations.

Une partie des ETM est toxique, ou toxique au-delà d'un certain seuil. Selon les éléments et le contexte (acidité du milieu, synergies entre ETM ou entre ETM et d'autres polluants, spéciation…), ils sont plus ou moins bioassimilables et pouvant être bioconcentrés par la chaine alimentaire. C'est pourquoi certains font l'objet d'un suivi (réglementaire ou volontaire) dans l'eau, l'air (associés aux aérosols ou poussières), les sols, l'alimentation, les boues d'épuration, etc.

En outre, certains métaux dits oligo-éléments sont essentiels pour les organismes y compris les plantes tels que le fer (Fe), le zinc (Zn), le cuivre (Cu)…, mais si ces derniers dépassent un certain seuil ils deviennent toxiques ; d'autres métaux sont neutres ou toxiques tels le plomb (Pb), le cadmium (Cd), le mercure (Hg)… (Alkorta *et al.,* 2004).

La forme chimique d'un métal influe sur sa toxicité autant que des facteurs environnementaux. Les métaux lourds existent dans le sol sous forme d'ions libres ou sous forme liée à des particules du sol et ne sont toxiques pour l'être vivant que sous forme libre. Il est alors biodisponible.

Ces éléments métalliques peuvent être issus de deux voies différentes (Martin-Garin et Simon, 2004) :

- La voie naturelle : les processus d'érosion, les éruptions volcaniques, les précipitations géochimiques de roches…
- La voie anthropique : les activités industrielles et les activités minières, l'utilisation des fertilisants et pesticides, les rejets de produits en fin de vie tels que les piles et les batteries…

Dans ce travail, nous nous sommes intéressés au cadmium (Cd), l'un des métaux les plus toxiques qui constituent une menace de santé majeure pour les êtres vivants y compris l'homme et plus spécifiquement l'étude de l'effet principal de son accumulation par les plantes.

I. Généralités sur le cadmium

Le cadmium est un élément chimique de symbole Cd et de numéro atomique 48 (Figure1), caractérisé par sa rareté et sa souplesse, d'où il peut être finement découpé en usage d'un couteau en acier. C'est un métal très malléable, de couleur blanche argentée avec une nuance bleue à l'état pur. En plus, il a divers utilisations. (Cobb, 2007).

Figure 1 : Pièce de l'élément du Cadmium. (www.elementsales.com)

Il a été découvert en 1817 par le chimiste allemand Stohmeyer (Juste *et al.,* 1995), puis vers la fin du 19ème siècle, son utilisation et celle de ces divers sels a commencé à devenir industriellement importante. La plupart du cadmium utilisé aux États-Unis est un sous-produit de la fusion du zinc, du plomb ou du minerai de cuivre, et est utilisé pour fabriquer des batteries.

Il est appelé aussi le colloïdal cadmium et est reconnu depuis longtemps comme une menace de santé majeur pour l'être humain. Il représente l'une des substances les plus toxiques rejetés dans l'environnement. En 1990, il a été classé comme un cancérogène du groupe 1 en fonction sur les données obtenues pour les travailleurs professionnellement exposés au cadmium (Nordberg, 2009). Le Cd se conserve efficacement dans le rein humain et montre une longue demi-vie biologique de 10-30 ans, ce qui entraîne une augmentation cumulative en charge du corps avec l'âge. Ainsi, une menace grave pour la santé peut potentiellement survenir même de l'exposition chronique de faible niveau (Clemens *et al.,* 2013).

De plus, le cadmium et ses composés ont été classés comme cancérogènes pour l'homme par l'agence internationale pour la recherche sur le cancer et le programme national de toxicologie. Cette classification est basée sur des études épidémiologiques qui ont lié l'exposition professionnelle au cadmium avec le cancer du poumon, et éventuellement le cancer de la prostate. D'autres études sur des animaux ont montré que le cadmium provoque des tumeurs dans plusieurs sites de tissus, par diverses voies d'exposition, et dans plusieurs espèces et souches. Les études épidémiologiques publiées depuis ces évaluations suggèrent que le cadmium est également associé à des cancers du sein, du rein, du pancréas et de la vessie (Filipic, 2012).

La partie cationique métallique et basique du cadmium est responsable à la fois de l'activité toxique et de l'effet cancérigène. Les informations disponibles sur la cancérogénicité du cadmium et de ses composés dont le mécanisme semble être multifactoriel sont examinées, évaluées et discutées (Huff *et al.,* 2007).

Malgré sa toxicité, et en raison d'une forte demande pour ce métal lourd dans le monde entier, en particulier dans le secteur des batteries nickel-cadmium, environ 30.000 t de cadmium sont libérés dans l'atmosphère chaque année, avec un montant de 4.000 à 13.000 t en provenance des activités industrielles (ATSDR, 2005).

1. Origine du cadmium

a. Origine naturelle

Le cadmium est présent dans toutes les roches mais sa teneur dans les roches sédimentaires est plus importante que celle des roches magmatiques. Ce métal est plus abondant dans les sédiments qui sont riches en carbone, en sulfures et en phosphates et il a été constaté que les calcaires jurassiques bio-détritiques et récifaux en étaient plus riches que les autres calcaires (Baize, 1997).

D'après Martin-Garin et Simon (2004), la source de dispersion naturelle du cadmium dans l'atmosphère est principalement liée à l'activité volcanique.

b. Origine anthropique

Les apports en cadmium résultent en grande partie de l'activité humaine dont les trois principales sont :

- **Les épandages et amendements agricoles** : le cadmium peut être assez abondant dans les engrais phosphatés, il est également apporté par épandage de déchets d'élevage (fumier, lisiers, etc.), lors du chaulage, etc.
- **Activités industrielles** : le cadmium est un sous-produit du raffinage du zinc, il peut être libéré dans l'atmosphère lors de la métallurgie du fer et de l'acier, lors de l'affinage du plomb, etc.
- **Certaines activités urbaines et le trafic routier libèrent du cadmium dans l'environnement** : incinération des déchets domestiques, combustion des carburants fossiles, boues de stations d'épuration, usure de pneumatique des automobiles, piles (Baize, 1997).

2. Caractérisation du cadmium

a. Caractéristique chimique

Le cadmium est un métal de transition qui possède 8 isotopes naturels stables de masse atomique 106 (1,2 %), 108 (0,9 %), 110 (12,4 %), 111 (12,9 %), 112 (23,8 %), 113 (12,3 %), 114 (28,8 %) et 116 (7,7 %). Ses propriétés chimiques sont semblables à celles du zinc. Il ne se corrode pas facilement dans divers espaces et surtout dans les milieux marins et agit comme protecteur contre les neutrons thermiques. En solution, il est en principe sous forme cationique, à l'état d'oxydation +II (Cd^{2+}). Le rayon de cet ion et sa configuration électronique présentent beaucoup de similitude avec ceux du calcium.

Du fait qu'il se volatilise facilement, il réagit avec l'oxygène, le dioxyde de carbone, la vapeur d'eau, le dioxyde et trioxyde de soufre et l'acide chlorhydrique formant ainsi des oxydes de cadmium (CdO), des carbonates (CdCO3), des hydroxydes (Cd(OH) 2), des sulfures (CdS) et des chlorures (CdCl2). Le cadmium s'assimile aisément par les plantes (Sammut, 2007).

Le cadmium n'est pas nécessaire au développement des organismes animaux ou végétaux et ne joue aucun rôle dans le métabolisme cellulaire. En revanche, ce métal, ayant des propriétés physiques et chimiques proches de celles du calcium, est capable de traverser les barrières biologiques et de s'accumuler dans les tissus (Martin-Garin et Simon, 2004).

b. Caractéristique nucléaire

Le cadmium compte 14 isotopes radioactifs. Les isotopes 109, 113m et 155m présentent les périodes les plus longues : 1,3 an (462,6 jours), 14 ans et 44 jours respectivement. L'isotope radioactif 109Cd est utilisé comme traceur isotopique et comme source d'irradiation pour l'analyse du plomb. La désintégration du 109Cd (capture électronique) conduit à la formation de l'argent-109m (métastable) puis de l'argent-109 (Martin-Garin et Simon, 2004).

3. Utilisation du cadmium

Le cadmium est employé dans le monde occidental pour les fins suivantes (Tableau 1) :

- production d'oxydes de cadmium (pas d'activité en France),
- piles et accumulateurs,
- pigments,
- stabilisants,
- traitement de surface (recouvrement de métaux par du cadmium),

- alliages contenant du cadmium,
- divers (traitement de surface du nickel, lampes à vapeur de cadmium, cellules photoélectriques, etc.) (Brignon et Malherbe, 2005).

Tableau 1 : Répartition en % dans les différents secteurs d'activités en 1997 (Bisson *et al.*, 2011).

Utilisation	Cadmiage	Batteries	Pigments	Stabilisateurs	Autres
Pourcentage	**8 %**	**75 %**	**12 %**	**4 %**	**1 %**

II. Les effets du cadmium sur les plantes

La présence de métaux lourds dans les sols peut être bénéfique ou toxique pour l'environnement. Le biote peut exiger certains de ces éléments essentiels pris en compte (comme Fe, Zn, Cu ou Mo) à l'état de traces, mais à des concentrations plus élevées, ils peuvent être toxiques. En raison de la difficulté de contrôler l'accumulation de métaux de l'environnement, les organismes doivent faire face à l'exposition aux éléments chimiques indésirables, spécialement ceux considérés comme biologiquement non essentiels. Le cadmium (Cd) appartient à ce dernier groupe (Gallego *et al.*, 2012).

L'effet de la toxicité du Cd sur les plantes a été largement exploré en ce qui concerne l'inhibition des processus de croissance et la diminution de l'activité de l'appareil photosynthétique. Dans ce travail, on va entamer surtout l'effet du Cd sur la photosynthèse, la nutrition hydrique, la nutrition azotée, la nutrition minérale et la respiration.

1. Effet sur la photosynthèse

Les organismes ont besoin d'énergie pour survivre. Certains organismes sont capables d'absorber l'énergie de la lumière solaire et de l'utiliser pour produire du sucre et d'autres composés organiques tels que les lipides et les protéines, ces sucres sont alors utilisés pour fournir de l'énergie pour l'organisme. Ce processus est appelé photosynthèse, et il est utilisée par les plantes et certains protistes, des bactéries et des algues bleu-vert.

Presque tous les êtres vivants s'alimentent à partir du processus de la photosynthèse, soit d'une façon direct ou indirect. Un organisme assure les composés organiques nécessaires à la production d'ATP et de chaînes carbonées par autotrophie ou par hétérotrophie.

Les végétaux sont autotrophes car ils ont besoin seulement du dioxyde de carbone de l'air, l'eau et les minéraux du sol comme nutriment. Plus précisément, les végétaux sont photoautotrophes, c'est-à-dire qu'ils utilisent la lumière comme source d'énergie pour synthétiser des glucides, des lipides et des protéines, assurant ainsi leur nutrition et celle de tous les êtres vivants (Campbell et Mathieu, 1995).

Nous pouvons résumer la photosynthèse comme étant le processus métabolique de base des cellules des plantes, elle transforme l'énergie lumineuse en énergie chimique qui sera conservée dans les molécules organiques :

$$6\ \mathbf{CO_2 + 12\ H_2O + \text{énergie lumineuse} \longrightarrow C_6H_{12}O_6 + 6O_2 + 6H_2O}$$

La réaction illustrée ci-dessus renferme deux phases distinctes, elles-mêmes divisées en de nombreuses étapes :

- ✓ La phase lumineuse : inclue les réactions photochimiques qui convertissent l'énergie solaire en énergie chimique. La chlorophylle absorbe la lumière qui par conséquent déclenche un transfert d'électrons et de protons de l'eau vers un accepteur appelé $NADP^+$ (nicotinamide adénine dinucléotide phosphate), qui stocke temporairement les électrons riches en énergie. Les réactions photochimiques utilisent l'énergie solaire pour rejeter de l'O_2 à partir du H_2O, réduire le $NADP^+$ en $NADPH + H^+$ et produire de l'ATP par l'ajout d'un groupement phosphate à l'ADP sous un processus appelé photophosphorylation. Ces réactions se déroulent dans les thylakoïdes du chloroplaste.
- ✓ La phase obscure : inclue les étapes métaboliques du cycle de Calvin qui fixent le carbone aux molécules organiques déjà présentes dans le chloroplaste. Une fois fixé, il se réduit en glucide par l'ajout d'électrons et de protons. Le cycle de Calvin, donc, élabore le glucide par l'intermédiaire du $NADPH + H^+$ et de l'ATP produites pendant la phase claire. L'ensemble de ces réactions se déroulent dans le stroma.

Chez les plantes supérieures, les racines sont les premiers organes en contact avec des ions métalliques toxiques et ils accumulent habituellement des quantités significativement plus élevées de métal que ne le font les pousses (Ekmekçi *et al.*, 2008) ; à ce propos, Une variété d'effets indésirables ont été observés chez les plantes traitées par le Cd tels que la suppression de l'activité mitotique, la division cellulaire, l'inhibition de la croissance, la désintégration de la structure des chloroplastes et des perturbations de la composition de la paroi cellulaire (Andosch *et al.,* 2012).

Même si le Cd n'est pas un nutriment essentiel pour les plantes, il est facilement absorbé (Ekmekçi *et al.*, 2008), il se lie aux groupes SH des enzymes et des protéines essentielles et interagit avec les transporteurs tels que Ca2 + - ou Na + / K + -ATPases (Andosch *et al.*, 2012). Via sa ressemblance avec le calcium (Ca) et sa capacité à se lier à la calmoduline, le Cd agit comme un antagoniste du récepteur du Ca et donc influence sur ses processus dépendants tels que la régulation de la structure et de la fonction du cytosquelette (Lauer Júnior *et al.*, 2008).

Les photosystèmes sont les centres photorécepteurs de la membrane des thylakoïdes contenus dans les chloroplastes. Autrement dit, ils interviennent dans les mécanismes de la photosynthèse en absorbant les photons de la lumière et on distingue deux types : le photosystème I (PSI) et le photosystème II (PSII).

a. Le photosystème I : se trouvant dans les thylakoïdes intergranaires des chloroplastes, est constitué d'une paire de molécules de chlorophylle a P700 qui, sous l'action de la lumière, va être réduite par les électrons provenant des chaînes de photophosphorylation et produisant ainsi de l'ATP. Ces électrons peuvent aussi, une fois acceptés par la ferrédoxine, réduire le NADP en $NADPH+H^+$.
b. Le photosystème II : situé dans la grana, est constitué d'une paire de molécules de chlorophylle a P680 qui sera réduite par les électrons fournis par oxydation de l'eau qui produit les protons (H+) pour la réduction du NADP selon la réaction H2O → $2H^+$ + O- + 2e-.

Les résultats d'Ekmekçi *et al.* (2008) ont démontré que le Cd inhibe la photoactivation du photosystème II (PSII) et donc, une perturbation de la photosynthèse ou même son inhibition à certaines concentrations critiques.

La diminution de la capacité photosynthétique est causée aussi, en présence de cadmium, par une diminution de la teneur en chlorophylles, qui est dû à une inhibition de la synthèse et une désorganisation structurale des chloroplastes (Singh *et al.*, 2010). Ce résultat est confirmé par Li *et al.*, (2013) qui ont démontré que les teneurs en chlorophylle a (Chl-a) et chlorophylle b (Chl-b) diminuent considérablement suite à l'exposition au Cd, et que la Chl-a est plus sensible au stress cadmique que la Chl-b (Figure 2).

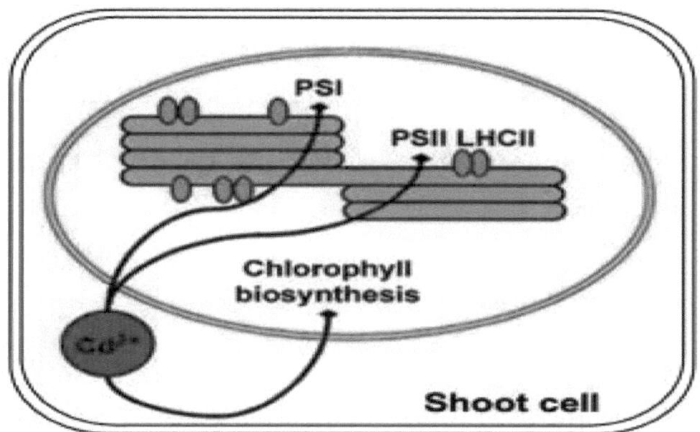

Figure 2 : Effets de Cd sur la photosynthèse et la biosynthèse de la chlorophylle (DalCorso *et al.,* 2008)

Dguimi *et al.,* (2009) ont montré à leur tour que le cadmium provoque une réduction remarquable de la teneur en chlorophylle (Chl a et Chl b) qui s'accompagne avec une diminution de la surface foliaire et de la production de matière sèche (Figure 3).

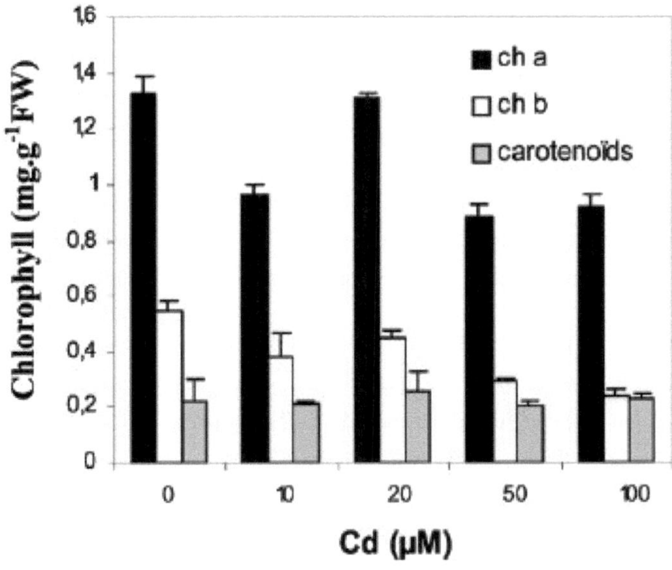

Figure 3 : Effet de Cd sur les teneurs en Chl a, Chl b et caroténoïdes (Dguimi *et al.,* 2009).

Dans différentes espèces végétales, il a été montré que le Cd provoque une diminution de l'assimilation du carbone (limitation donc de l'activité photosynthétique), génère du stress oxydatif et cause encore le flétrissement des plantes (Perfus-Barbeoch *et al.*, 2002).

Rascio *et al.*, (2008) confirment que l'activité photosynthétique d'une plante mise sous un stress cadmique, est limitée à cause d'une disponibilité en CO2 réduite. Cette diminution de l'assimilation du CO2 s'accompagne généralement d'une déficience en fer qui entraîne une chlorose et un ralentissement de croissance aboutissant finalement à la mort de la plante (Sanita di Toppi et Gabbrielli, 1999).

Certaines études ont montré l'existence d'un effet inhibiteur du cadmium sur la teneur des tissus en protéines solubles et les activités de certaines enzymes comme la Rubisco (ribulose-1,5-diphosphate carboxylase/oxygénase) (Siedlecka *et al.*, 1997). La Rubisco est l'enzyme clé responsable de la fixation du CO2 par les plantes en initiant le cycle de Calvin qui représente la phase obscure de la photosynthèse, et l'inhibition donc de l'activité de cette enzyme entraînera directement l'inhibition de la photosynthèse.

Selon Krantev *et al.*, (2008), les principales cibles de l'influence de Cd est non seulement la ribulose-bisphosphate carboxylase 1,5 (RuBPC) mais aussi la phosphoénolpyruvate carboxylase (PEPC), les deux sont des enzymes clés de la fixation du CO2. Il a été montré que les ions Cd^{2+} diminuent l'activité de RuBPC et endommage sa structure en remplaçant les ions Mg^{2+}, qui sont des cofacteurs importants des réactions de carboxylation.

En outre, la présence du cadmium dans la plante induit la fermeture de ses stomates qui par conséquence va restreindre la diffusion du dioxyde du carbone (CO2) dans les feuilles, et donc aboutit à l'inhibition de l'activité photosynthétique (Fediuc *et al.*, 2005).

Autrement dit, une plante exposée au cadmium va subir des perturbations de croissance, photosynthèse, métabolisme azoté et une diminution de la concentration de CO2 intercellulaire ce qui suggèrent une diminution de la photosynthèse (Gill *et al.*, 2012). Ces dommages cadmiques s'aggravent, au fur et à mesure, avec l'augmentation de la concentration en Cd (Rascio *et al.*, 2008).

2. Effet sur la respiration

La respiration est essentielle pour la croissance et la maintenance de tous les tissus des plantes, et joue un rôle important dans le bilan et l'équilibre du carbone des cellules individuelles, des plantes entières et des écosystèmes, ainsi que dans le cycle global du carbone (Gonzalez-Meler *et al.,* 2004).

Les végétaux, comme tout organisme vivant, ont également besoin d'énergie pour leur développement, leur reproduction et leur soutien. En général, cette énergie est conservée au cours de la photosynthèse et stockée sous forme d'énergie chimique dans les molécules organiques et ensuite libérée de façon régulée pour la production d'ATP (Adénosine triphosphate) (Figure 4). Cette production d'ATP s'effectue principalement via deux mécanismes : la photophosphorylation chloroplastique et la phosphorylation oxydative des mitochondries (Affourtit *et al.,* 2001).

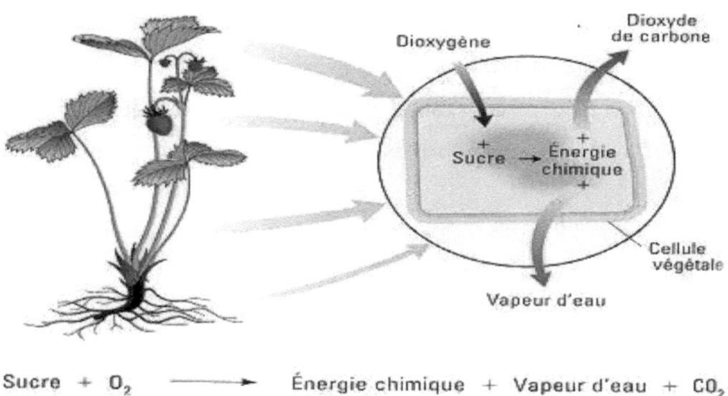

Figure 4 : Respiration des plantes (Vertil, 2011).

La transduction de l'énergie est donc un complexe d'interaction entre le métabolisme chloroplastique et le métabolisme mitochondrial qui est effectuée par des composés tels que l'ATP, le NAD (P) H et les acides carboxyliques (Hoefnagel *et al.,* 1998).

Les mitochondries sont les puissances proverbiales de la cellule, elles exécutent des processus biochimiques fondamentaux qui produisent de l'énergie à partir des nutriments à l'aide de l'oxygène, mais ils sont aussi des cibles intracellulaires clés pour différents facteurs de stress, y compris le stress cadmique (Cannino *et al.,* 2009).

En général, les mitochondries sont responsables de la production majeure de l'ATP dans l'obscurité, alors que dans la lumière se sont les chloroplastes qui deviennent sa principale source de formation. Cependant, même dans des conditions lumineuses, les mitochondries contribuent au moins partiellement à l'ATP total requis pour la synthèse du saccharose, la fixation du CO2, le transport d'un métabolite et la synthèse des protéines (Hoefnagel *et al.,* 1998).

En outre, les mitochondries végétales remplissent à la fois une fonction catabolique à l'obscurité et une fonction anabolique à la lumière (Dennis *et al.,* 1997). Les plantes sont autotrophes et doivent donc assimiler l'azote pour la synthèse d'acides aminés, un procédé nécessitant les squelettes de carbone qui sont dérivés des intermédiaires du cycle de Krebs (Affourtit *et al.,* 2001).

Contrairement à la photosynthèse, la respiration est souvent stimulée en réponse au stress cadmique en raison du manque d'ATP dont la plante cherche à le compenser en faisant appel à la phosphorylation oxydative qui permette de le compenser par photophosphorylation (Romanowska *et al.,* 2002). Cependant, les concentrations élevées du cadmium induit l'inhibition de la respiration qui peut s'expliquer par la liaison de ce métal aux groupes thiols de l'ATP synthétase (Chugh et Sawhney, 1999).

Autrement dit, le cadmium en raison de son affinité pour les groupes sulfhydriles, il bloque certain groupe fonctionnel de quelques protéines essentielles entraînant ainsi une moindre efficacité de l'activité des enzymes impliqués dans divers processus métaboliques, y compris la respiration (Li *et al.,* 2013).

Kesseler et Brand, (1994) ont montré que le cadmium inhibe la respiration et certaines enzymes spécifiques telles que le complexe cytochrome bc1, la NADH-dépendante et la succinate déshydrogénase. Il est responsable aussi à découpler les mitochondries, en d'autres termes à augmenter les réactions de fuite de proton particulièrement à des concentrations élevées du métal.

La peroxydase (POD) et le polyphénol oxydase (PPO), qui sont deux enzymes très importants pour la respiration des plantes, perdent aussi leurs activités en présence du cadmium (Chen *et al.,* 2003). Le PPO est une oxydase terminale qui peut passer directement des électrons à O_2 lorsque les produits intermédiaires de la respiration des végétaux sont oxydés.

Certains auteurs suggèrent qu'il est possible de distinguer deux effets de base de Cd sur la respiration des végétaux : un effet précoce qui stimule la respiration et un autre relativement tardive qui inhibe à la fois la respiration et l'activité d'un certain nombre d'enzymes liées à ce procédé. Cette différenciation est reliée à la portée d'une concentration définie "critique" de Cd dans les organes végétaux (Vassilev et Yordanov, 1997).

3. Effet sur la nutrition hydrique

L'eau, ce composé extraordinaire, constitue le support biologique qui rend possible la vie sur terre. Ce pouvoir est dû essentiellement aux singularités vitales de l'eau qui n'existent pas dans d'autres substances, et parmi lesquelles on cite : l'existence simultanée à l'état solide, à l'état liquide et à l'état gazeux ; le pouvoir de cohésion à l'état liquide ; la stabilisation de la température de l'atmosphère (réservoir thermique) ; une chaleur de vaporisation élevée et la dilatation d'eau lorsque elle gèle (Campbell et Mathieu, 1995).

Une plante renferme beaucoup d'eau dont 99% agrippée par les racines s'échappe de la plante par la transpiration. Elle a un rôle crucial au niveau structural car elle est présente d'un taux de 80% à 90% dans la cellule végétale et au niveau métabolique car elle implique des réactions de synthèse de composés, c'est la raison pour laquelle l'eau est souvent le facteur limitant de la croissance d'un végétal.

L'eau est absorbée par les racines des plantes, plus précisément, par la partie dite l'assise pilifère où se situent les poils absorbants. Dans la racine, l'eau se déplace entre les cellules en suivant 3 voies possibles : une voie apoplastique où l'eau se déplace dans l'espace de la paroi, une voie symplastique où l'eau pénètre dans la cellule et se déplace par les plasmodesmes et une voie par laquelle l'eau se déplace à travers la membrane plasmique (ce déplacement est le moins utilisé).

Les déplacements d'eau sont des déplacements passifs, c'est-à-dire, que l'eau se déplace du compartiment moins concentré en solutés (potentiel hydrique fort) vers le compartiment plus concentré en solutés (potentiel hydrique faible), il y'a donc une perte d'énergie. Pour passer de la plasmolyse à la turgescence, il y a une entrée d'eau dans la cellule grâce à la pression osmotique, qui est essentielle pour les déplacements de l'eau.

L'eau et les éléments nutritifs circulent dans la plante grâce à la sève (brute et élaborée). Cette sève constituera aussi la voie de circulation des éléments traces métalliques (Figure 5).

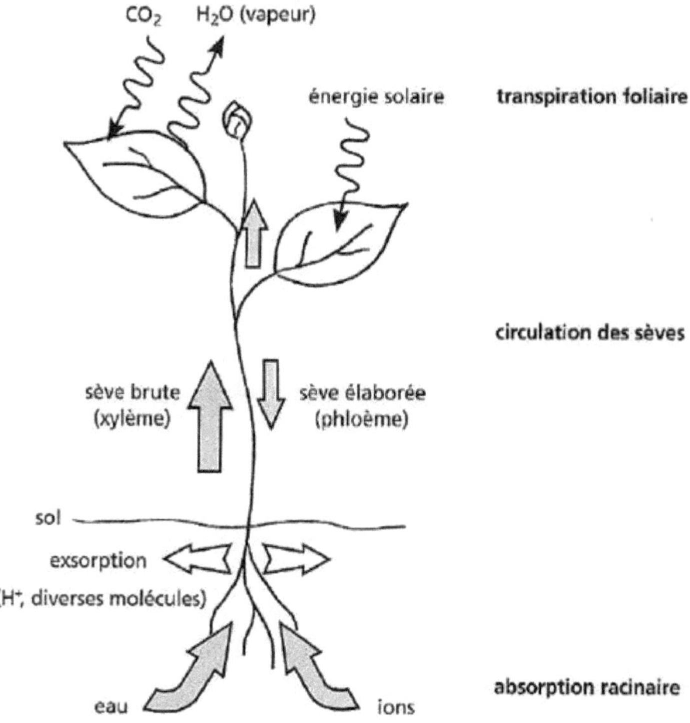

Figure 5 : Circulation de l'eau et des contaminants dans la plante (Hopkins, 2003).

En effet, plusieurs facteurs peuvent affecter le statut hydrique chez une plante et par conséquent avoir un impact sur son développement et aussi sur son rendement s'il s'agit d'une plante agricole. Dans ce travail, on va expliquer l'effet du cadmium sur le statut hydrique chez les plantes.

Les éléments traces métalliques (ETM) (dans notre cas le cadmium) bloquent souvent le transport de l'eau dans les plantes et conduit à limiter celui des métaux. En plus, ils sont connus par leur effet inhibiteur de l'activité du transport de l'eau de la tonoplaste (la membrane qui sépare la vacuole du cytoplasme dans une cellule végétale) et des aquaporines de la membrane plasmique des plantes (Nedjimi et Daoud, 2009).

Le cadmium pénètre à travers les canaux calciques et perturbe l'état hydrique de la plante, en diminuant la transpiration et en augmentant la résistance stomatique (Perfus-Barbeoch *et al.,* 2002). Il diminue aussi d'une façon considérable l'absorption de l'eau, réduit sa teneur relative, le potentiel hydrique et le potentiel de turgescence foliaire (Vassilev et Yordanov, 1997).

Marchiol *et al.,* (1996) ont signalé que la conductivité hydraulique racinaire dans les vaisseaux du xylème s'affaiblit de deux à quatre fois selon la forme chimique (spéciation) et la concentration du cadmium.

La carence en eau qui se développe dans les feuilles et les racines des plantes soumises sous un stress cadmique est due aux dommages impliqués à la capacité des racines d'absorber de l'eau. Cette suggestion est appuyée par le fait que, en présence de Cd dans le milieu, les racines et les pousses ont été caractérisées par une diminution de la teneur en eau dans les tissus et de la conductivité hydraulique des racines (Nedjimi et Daoud, 2009).

La présence de cadmium dans la plante entraîne une forte inhibition de la croissance des racines (Perfus-Barbeoch *et al.,* 2002) qui constituent la principale interface d'échange de matière entre les plantes et leur environnement (Chen *et al.,* 2003). Cette forte diminution de la croissance des racines aura nécessairement une incidence importante sur les relations entre la plante et l'eau et les éléments nutritifs.

Le cadmium provoque aussi la diminution de la conductance foliaire (Perfus-Barbeoch *et al.,* 2002) et la diminution de la conductance stomatique (Gill *et al.,* 2012). La fermeture des stomates peut être causée par une interaction directe du métal toxique au niveau des cellules de garde entraînant une diminution de la disponibilité en eau dans les feuilles (Perfus-Barbeoch *et al.,* 2002).

MacRobbie et Kurup, (2007) ont prouvé que cette fermeture est due aux variations du potentiel de turgescence au sein des cellules de garde.

Ces cellules de garde vont permettre aux ions cadmiques (Cd^{2+}), dues à leur ressemblance chimique avec les ions calciques (Ca^{2+}), de s'accumuler en elles. Une fois atteindre la cellule, les canaux potassiques s'activent et permettent l'entrée des ions K^{+}. Par conséquent, les cellules de garde perdent leur turgescence provoquant ainsi la fermeture des stomates (DalCorso *et al.,* 2008).

Certains auteurs ont suggéré que la diminution de la conductance foliaire pourrait être due à une fermeture des stomates induite par une synthèse de l'acide abscissique (ABA) (Polle et Schützendübel, 2003), alors que Perfus-Barbeoch *et al.*, (2002) ont proposé que le Cd affecte la régulation des cellules de garde d'une manière indépendante de l'acide abscissique en entrant le cytosol via des canaux calciques. Cette dernière est la proposition la plus appuyée.

Pendant le stress hydrique, ABA a plusieurs fonctions améliorantes qui impliquent l'oxyde nitrique comme une clé de signalisation intermédiaire, provoquant une induction rapide de la fermeture des stomates pour réduire la perte d'eau (Gill *et al.*, 2013).

Dguimi *et al.*, (2009) ont montré également que le cadmium induit une diminution de croissance qui s'accompagne d'une diminution significative des teneurs en eau chez la plante *Nicotiana tabaccum*. Plus précisément, la teneur en eau a été diminuée d'environ 55% dans les feuilles et 45% dans les racines à 100 µM de Cd (Figure 6).

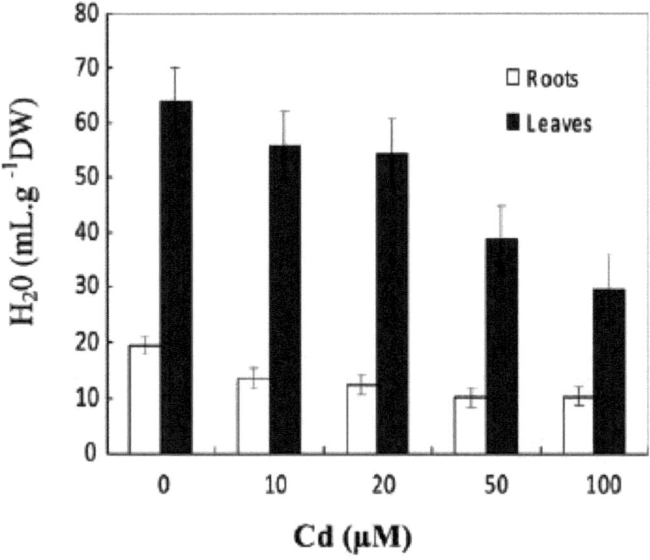

Figure 6 : Effet de Cd sur la teneur en eau chez *Nicotiana tabaccum* (Dguimi *et al.*, 2009).

L'une des réponses les plus sensibles aussi à la carence en eau et au stress osmotique est l'accumulation de proline dans les pousses et les racines du végétal (Nedjimi et Daoud, 2009).

La proline s'accumule dans des conditions de manque d'eau, la salinité élevée, la réfrigération, de la chaleur et de l'exposition aux métaux lourds. Il joue un rôle majeur dans la régulation osmotique et osmotolérance. Il est également envisagé d'avoir des rôles importants de protection contre les stresses des métaux lourds et est considéré comme l'un des indicateurs de stress environnemental.

Nedjimi et Daoud, (2009) ont remarqué que lorsque la concentration du Cd diminue, celle de proline libre augmente due à une réaction rapide de protection au stress ; ceci leur permet de conclure qu'il s'agit d'un mécanisme de détoxication important dont lequel la proline libre chélate l'ion Cd dans les plantes et forme un complexe non toxique Cd-proline.

En somme, le cadmium provoque un stress hydrique dans les différentes parties d'une plante (feuilles et racines), ce qui va conduire ensuite à des perturbations dans la totalité des processus de ce végétal (Figure 7).

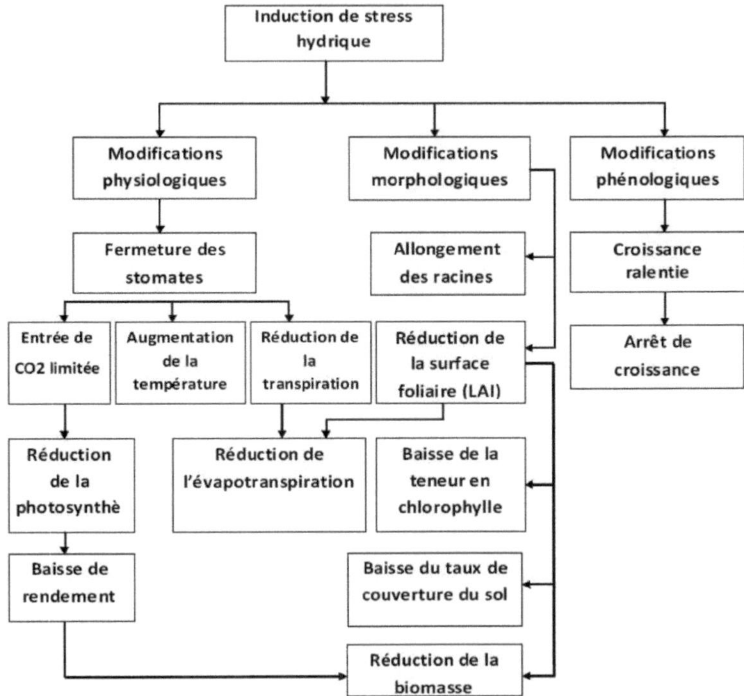

Figure 7 : Résultat de l'induction du stress hydrique chez les plantes par les facteurs de stress biotiques et abiotiques (Kotchi, 2004).

4. Effet sur la nutrition minérale

La nutrition minérale consiste aux différents processus effectués par les végétaux afin de puiser dans le sol l'eau et les sels minéraux indispensables à leur croissance (Tableau 2). Les plantes absorbent ces éléments nutritifs sous forme dissoute présente dans le sol, mais les agriculteurs préfèrent la forme d'engrais surtout pour les éléments qui sont indispensables à la plantes mais rares dans le sol.

Tableau 2 : Les éléments indispensables aux plantes selon les résultats de l'expérience de Stout en 1976 (Karsenti, 2007).

ÉLÉMENT	% en masse de matière
Carbone	45
Oxygène	45
Hydrogène	6
Azote	1.5 (1 à 3)
Potassium	1 (0.3 à 6)
Calcium	0.5 (0.1 à 3)
Magnésium	0.2 (0.05 à 0.7)
Phosphore	0.2 (0.05 à 1.5)
Soufre	0.1 (0.05 à 1.5)
Chlore	0.01
Fer	0.01
Manganèse	0.005
Bore	0.002
Cuivre	0.0001
Molybdène	0.0001

Selon Arnon et Stout, (1939) un élément minéral n'est indispensable à la croissance et au développement des plantes que s'il présente ces 3 critères (Karsenti, 2007) :

- si la carence en cet élément empêche la plante de terminer son cycle biologique.
- si cet élément ne peut pas être remplacé par un élément de propriétés similaires.
- si l'élément ne participe pas directement au métabolisme de la plante.

Nedjimi et Daoud, (2009) ont montré que les métaux lourds en général, y compris le cadmium, induisent des troubles nutritionnels qui s'impliquent dans la restriction de la croissance du végétal. En effet, ils déséquilibrent le métabolisme des nutriments (absorption, transport et utilisation) au niveau de la racine en interférant avec l'absorption de calcium (Ca), magnésium (Mg), potassium (K) et phosphore (P) (DalCorso *et al.,* 2008).

Des perturbations de calcium (Ca) et plus particulièrement des diminutions considérables des concentrations de potassium (K) ont été observé en présence de cadmium dans différents organes des différentes plantes (Ghnaya *et al.,* 2005 ; Nedjimi et Daoud, 2009). Par exemple, la diminution potassique due au cadmium a été observée dans le *Pinus sylvestris* (Kim *et al.,* 2003) et dans deux halophytes *Sesuvium portulacastrum* et *Mesembryanthemum crystallinum* (Ghnaya *et al.,* 2005).

Cette diminution de la teneur en K chez les plantes stressées pourrait être due à l'effet du cadmium qui réduit la disponibilité de l'énergie sur lequel dépend le fonctionnement des systèmes de transport membranaires (Ghnaya *et al.,* 2005). D'autre part, Barcelo *et al.,* (1988) ont suggéré que ces variations qui se produisent au niveau de potassium et d'autres nutriments peuvent aussi être attribués à l'altération dans le système vasculaire et une réduction du nombre et du diamètre des vaisseaux du xylème.

Le cadmium affecte aussi la nutrition calcique des plantes, mais selon Ghnaya *et al.,* (2005) la croissance des plantes est affectée plus que l'absorption de calcium et sa translocation vers les pousses, ce qui résulte à une augmentation de la concentration de Ca dans les tissus malgré la diminution de la teneur en Ca.

En effet, certaines études ont montré que le Cd induit une augmentation de la teneur en Ca dans différentes parties des plantes stressées (Larbi *et al.,* 2002), alors que d'autres études ont montré qu'il la réduit (Gussarsson, 1994). Cette restriction de la teneur calcique dans les plantes traitées par le cadmium pourrait être expliquée par le fait que le Cd concurrence avec le Ca et d'autres cations pour l'entrée dans les cellules végétales (Kim *et al.,* 2002).

D'autres études ont prouvé aussi que le cadmium induit des dysfonctionnements dans la mobilisation des réserves en réduisant la mobilisation des microéléments, en diminuant l'activité du phosphatase acide qui est responsable de la libération du phosphate, en réduisant le transport des sucres et en inhibant l'activité de l'α-amylase qui affectera la production d'énergie (Mihoub *et al.,* 2005). Ce métal perturbe encore le métabolisme du zinc (Zorrig *et al.,* 2010) aboutissant donc à une forte inhibition des systèmes de réparation de l'ADN qui nécessite l'atome de zinc pour l'activité de leurs enzymes.

En outre, Guo *et al.,* (2007) ont démontré que le pH et les contraintes combinées du cadmium et d'aluminium ont un effet remarquable sur la teneur en nutriments minéraux dans différentes parties de plantes de deux variétés d'orge. Ils provoquent des réductions significatives de calcium (Ca), magnésium (Mg), phosphore (P), potassium (K), fer (Fe), zinc (Zn), molybdène (Mo), bore (B) et manganèse (Mn). Ceci prouve donc que l'effet combiné de deux métaux lourds sur les teneurs en éléments nutritifs pourrait être plus prononcé que celui d'un seul.

5. Effet sur la nutrition azotée

L'azote est le quatrième élément nutritif important des plantes, il représente un constituant essentiel des protéines, des acides nucléiques, des hormones, de la chlorophylle et des coenzymes. Il constitue 78% de l'atmosphère et se présente sous la forme diazote (N_2) non apte à être convertis en une forme biologiquement utilisable par les végétaux (Morot-Gaudry, 1997).

Les échanges complexes entre l'azote présent dans l'atmosphère, l'azote contenu dans le sol (et l'eau qui lui est associée) et celui contenu dans la biomasse forment un cycle appelé cycle de l'azote (Hopkins, 2003) (Figure 8).

L'entrée de l'azote dans les chaînes alimentaires se fait principalement par l'absorption du nitrate (NO_3^-) et de l'ammonium (NH_4^+) par les racines des végétaux terrestres. Le nitrate, une fois absorbé par les racines, est soit réduit en ammonium par l'intermédiaire des deux enzymes : la nitrate (localisée dans le cytosol) et la nitrite réductase (localisée dans les plastes), soit stocké dans les vacuoles, soit exporté vers les feuilles où il sera mise en réserve et métabolisé ; quant à l'ammonium, il provient de la réduction du nitrate ou directement par absorption par les racines et s'intègre aux molécules organiques pour donner le glutamine et le glutamate par l'intermédiaire des deux enzymes : la glutamine synthétase et la glutamate synthétase.

Etant pas capable d'utiliser l'azote atmosphérique (N_2), les plantes assimilent par leur racines l'azote sous forme de nitrates (NO_3^-) qui provient à partir de la décomposition de la matière organique azotée dans le sol. Ce nitrate va ensuite être réduit jusqu'au stade nitrite par la nitrate réductase (NR) selon la réaction $NO_3^- + 2H^+ + 2e^- \rightarrow NO_2^- + H_2O$, et puis les nitrites vont être réduits en ammoniac grâce au nitrite réductase (NiR) selon la réaction $NO_2^- + 6H^+ + 6e^- \rightarrow NH_3 + OH + H_2O$. De ce fait, l'inhibition de l'activité d'une ou des deux enzymes va perturber certainement la nutrition azotée.

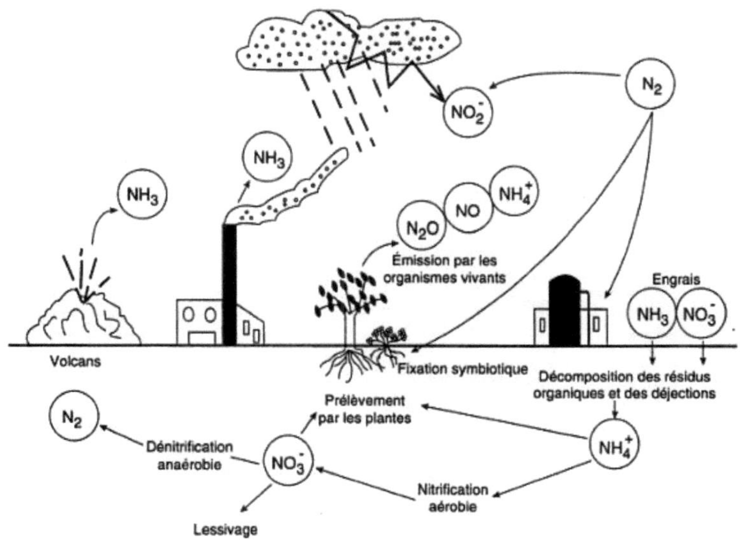

Figure 8 : Cycle de l'azote (Morot-Gaudry, 1997).

Chez certains végétaux, la réduction des nitrates absorbés s'effectue généralement sur place au niveau des racines alors que chez les espèces herbacées elle s'effectue aussi au niveau des feuilles, c'est-à-dire à la lumière. Cependant, la sève des arbres ne contient plus de nitrite ni d'ammoniaque mais est très riche en acides aminés.

L'énergie nécessaire au déroulement de toutes ces réactions est fournie par la photosynthèse, la respiration et le cycle d'oxydation des pentoses, donc toute perturbation affectant ces derniers processus va limiter par conséquent l'activité azotée (Figure 9).

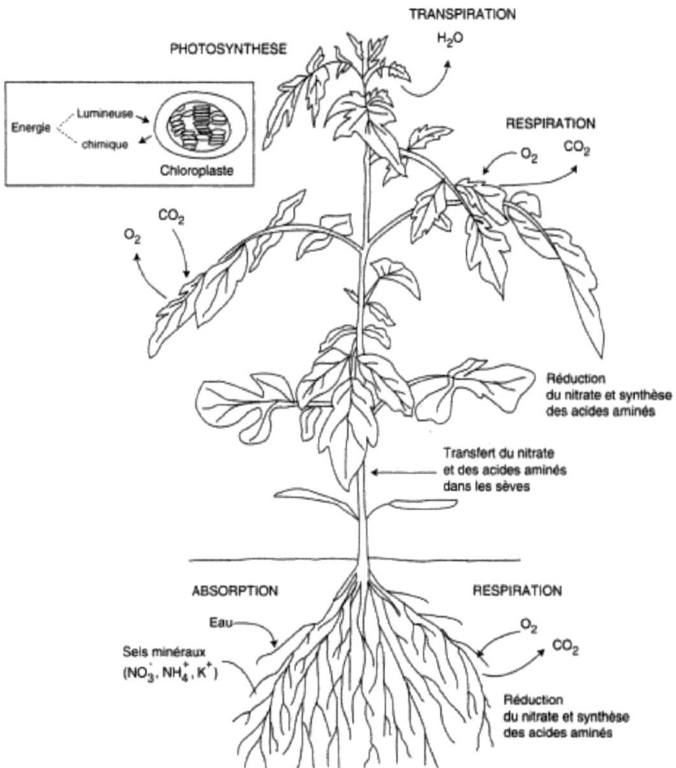

Figure 9 : Grandes fonctions chez les plantes : photosynthèse, respiration, transpiration, absorption, transport (Morot-Gaudry, 1997).

Gill *et al.,* (2012) ont montré que les fortes concentrations en Cd perturbent la croissance, la photosynthèse et le métabolisme azoté. Autrement dit, le cadmium limite le taux d'absorption du nitrate et réduit l'activité des enzymes impliquées dans la voie d'assimilation de ce dernier (Gill *et al.,* 2013).

Plus précisément, le cadmium mène à un effet inhibiteur sur la teneur des tissus en protéines solubles et les activités de certaines enzymes comme, la NR (nitrate réductase), la NiR (nitrite réductase) (Chugh *et al.,* 1992, Boussama *et al.,* 1999, Gouia *et al.,* 2000) ainsi que la GS (glutamine synthétase) (Chugh *et al.,* 1992, Boussama *et al.,* 1996, Gouia *et al.,* 2000).

Huang et Xiong, (2009) ont démontré à leur tour les mêmes résultats qui montrent que le cadmium diminue les activités du nitrate réductase (NR), la glutamine-synthétase (GS) dans les racines et les pousses, ce qui conduit par conséquent à une augmentation de la teneur en acides aminés libres et à une diminution de la teneur en protéines solubles et de la teneur en nitrate (Figure 10).

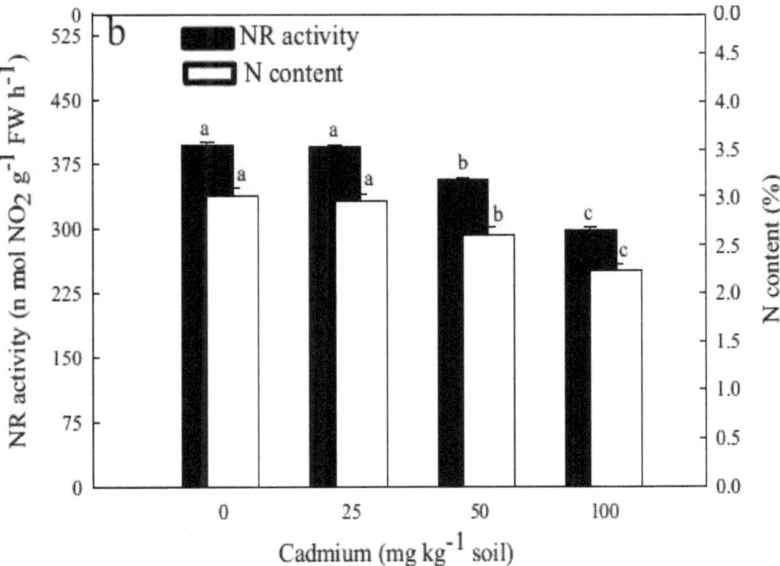

Figure 10 : Activités du nitrate réductase (NR) et de l'azote (N) dans les feuilles de cresson (*Lepidium sativum L.*) exposés au cadmium (Gill *et al.,* 2012).

Le cadmium interfère avec les groupements fonctionnels des enzymes comme les groupements SH ou entre en compétition avec des métaux de transition tels que Fe et Mo présents dans certaines métalloenzymes et perturbe ainsi leurs activités catalytiques (Chaffei *et al.,* 2003).

La diminution de l'absorption du nitrate induite par le cadmium pourrait s'expliquer par l'endommagement de la membrane plasmique qui constitue la première étape dans l'assimilation nitrique, quant à la réduction de l'activité du nitrate réductase s'explique par la baisse de la teneur du sucre qui à son tour pourrait être induite par des dommages à la photosynthèse (Huang et Xiong, 2009).

De plus, certaines études ont montré que le monoxyde d'azote (NO), qui est une molécule gazeuse hydrophobe impliquée dans de nombreux processus de croissance des plantes et de développement ainsi que dans la régulation des réponses multiples à des facteurs de stress biotiques et abiotiques, est impliqué dans la mort cellulaire programmée induite par le cadmium dans les racines (Arasimowicz-Jelonek *et al.,* 2012). En effet, le NO peut provoquer à la fois des effets bénéfiques et nuisibles à l'intérieur des cellules, en fonction de sa concentration et de la localisation cellulaire (Gill *et al.,* 2013).

Le Cd favorise la synthèse de NO dans les racines, et la nitrate réductase a été évoqué comme l'une des sources de NO dans les cellules végétales, en catalysant la synthèse de NO à partir de nitrite résultant de la réduction du nitrate (Gallego *et al.,* 2012).

En résumé, le cadmium inhibe de manière significative la croissance des plantes en perturbant l'absorption hydrique et minérale, la photosynthèse, la respiration et le métabolisme azoté (Gill *et al.,* 2013 ; Arasimowicz-Jelonek *et al.,* 2012).

III. Quelles solutions à l'effet néfaste du cadmium ?

Au cours du temps, les chercheurs ont remarqué que malgré la contamination abusive de certains sols par les métaux lourds, certaines espèces végétales ont pu s'adapter à ces conditions exceptionnelles et croitre naturellement malgré la toxicité du milieu. Cette réalité a poussé les chercheurs de s'approfondir pour mieux comprendre les différents mécanismes impliqués par ces plantes qui prendront après le nom des plantes hyperaccumulatrices.

1. Hyperaccumulation

L'hyperaccumulation est un phénomène qui représente un niveau extrêmement anormal de l'accumulation de métaux (Kotrba *et al.,* 2011). Sachs était le premier auteur qui a mis en évidence ce phénomène chez l'espèce hyperaccumulatrice *Thlaspi caerulescens* en 1865 (Humbert, 2010), alors que le mot « hyperaccumulation » n'a été défini qu'en 1976 par Jaffre *et al.,* (Durand, 2009).

1.1. Plantes hyperaccumulatrices

Les hyperaccumulateurs ont récemment suscité un intérêt considérable en raison de leur utilisation potentielle dans les stratégies de phytoremédiation (Gallego *et al.,* 2012). Ils peuvent accumuler des concentrations exceptionnelles de métaux dans leurs parties aériennes sans symptômes de toxicité visibles (Verbruggen *et al.,* 2008).

Une plante hyperaccumulatrice a été défini comme une plante qui peut accumuler une teneur de cadmium >100 $mg.kg^{-1}$ (Solis-Dominguez *et al.,* 2007), de plomb > 1000 $mg.kg^{-1}$, ou de zinc >10, 000 $mg.kg^{-1}$ dans la biomasse sèche aérienne (Yanqun *et al.,* 2005). En effet, la plupart des espèces de plantes ont une partie du potentiel génétique pour la désintoxication des métaux, les différences résident alors dans la détection de métal et l'activation des réponses appropriées (Gallego *et al.,* 2012).

Certains auteurs ont montré que les bactéries et les champignons dans la rhizosphère des plantes hyperaccumulatrices peuvent présenter une tolérance accrue de métaux, favorisant la croissance végétale et ayant des effets significatifs sur les concentrations en éléments nutritifs (Alford *et al.,* 2010). En outre, Ghnaya *et al.,* (2005) suggèrent que l'augmentation de la disponibilité des éléments nutritifs dans la rhizosphère pourrait à son tour favoriser la croissance des plantes et augmenter leur capacité à extraire les métaux lourds.

Pedro *et al.,* (2013) ont prouvé que les halophytes peuvent être utilisés pour la phytoremédiation en sol salin contaminé. Ceci s'explique par leur capacité de stocker des quantités d'ions dans la vacuole de leurs cellules sans que cela leur soit nocif, et d'accumuler des solutés organiques (qui joueront le rôle de substances osmoprotectrices) dans leur cytoplasmes (Glenn *et al.,* 1999).

En général, environ 400 espèces hyperaccumulatrices de 22 familles ont été identifiées. La famille des Brassicacées contient un grand nombre d'espèces hyperaccumulatrices (87 espèces de 11 genres) avec la plus large gamme de métaux (Ghosh et Singh, 2005) (Tableau 3).

Tableau 3 : Nombres d'espèces hyperaccumulatrices de cadmium (M. Moudouma, 2010).

ETM	Nombres d'espèces	Exemples	Famille
Cadmium	> 10	*Thlaspi caerulescens*	Brassicacées
		Arabis gemmifera	Brassicacées
		Arabidopsis halleri	Brassicacées
		Arabis paniculata	Brassicacées
		Viola baoshanensis	Violacées
		Solanum nigrum	Solanacées
		Conyza canadensis	Astéracées

2. Phytoremédiation

La phytoremédiation est définie comme l'ensemble de techniques d'assainissement qui incluent de nombreuses stratégies de traitement conduisant à la dégradation, la suppression (par l'accumulation ou la dissipation), ou l'immobilisation des polluants (Padmavathiamma et Li, 2007). Elle est utilisée pour restaurer à la fois l'air contaminé, le sol, les eaux de surface et les eaux souterraines (Landmeyer, 2011).

Cette technologie utilise des plantes hyperaccumulatrices qui peuvent accumuler au-delà de 10 $g.kg^{-1}$ de métal dans les pousses (Delorme *et al.,* 2001). L'idée que ces plantes peuvent être utilisées pour l'assainissement de l'environnement est très ancienne et ne peut pas être attribuée à aucune source particulière (Padmavathiamma et Li, 2007). Or, Ghosh et Singh, (2005) ont cité que cette idée a été introduite en 1983 par Chaney et que le concept a été effectivement mis en place pour les 300 dernières années.

En général, la phytoremédiation repose sur les plantes qui déplacent les métaux lourds dans leurs parties aériennes, puis la biomasse végétale sera retirée du champ et brûlée afin de réduire son volume. Les cendres seraient alors disposées dans un endroit approprié, par exemple un lieu d'enfouissement (Kirkham, 2006), ou mieux réutilisées en métallurgies (Jemal et Ghorbal, 2002).

La phytoremédiation des métaux lourds à l'aide des plantes hyperaccumulatrices représente alors une technique prometteuse surtout pour les terres agricoles (Prapagdee *et al.,* 2013).

Cette technique regroupe cinq différents types utilisés selon les contaminants, les conditions du site, le niveau de nettoyage requis et les types de plantes (Padmavathiamma et Li, 2007). Ces types sont : la phytoextraction, la phytodégradation, la rhizofiltration, la phytostabilisation et la phytovolatilization (Ghosh et Singh, 2005) (Tableau 4), (Figure 11).

Tableau 4 : Différents mécanismes de phytoremédiation (Ghosh et Singh, 2005).

Processus	Mécanismes	Contaminant
Phytofiltration	***Accumulation par Rhizosphère***	***Organique, inorganique***
Phytostabilisation	***Complexation***	***Inorganique***
Phytoextraction	***Hyperaccumulation***	***Inorganique***
Phytovolatilisation	***Volatilisation par les Feuilles***	***Organique, inorganique***
Phytodégradation	***Dégradation dans les plantes***	***Organique***

La phytofiltration : Utilisation des racines de la plante (rhizofiltration) ou des semis (blastofiltration) pour absorber ou adsorber les polluants, principalement des métaux, de sources aqueuses polluées. Les racines des plantes ou des plantules grandies dans l'eau aérée puis absorbent, précipitent et concentrent les métaux toxiques des effluents pollués (Padmavathiamma et Li, 2007).

La phytostabilisation : Utilisation des plantes pour l'assainissement des sols, les sédiments et les boues (Ghosh et Singh, 2005). Cette technique n'est pas destinée à éliminer les contaminants métalliques à partir d'un site, mais plutôt de les stabiliser par absorption et accumulation dans les racines, adsorption sur les racines ou précipitation au sein de la zone racinaire (Padmavathiamma et Li, 2007), évitant ainsi leur migration vers les eaux de surface et souterraines (Jemal et Ghorbal, 2002).

La phytoextraction : Utilisation des plantes pour absorber les métaux lourds du sol et les accumuler dans leurs racines et leurs pousses (Prapagdee *et al.,* 2013), puis les transférer et les concentrer dans les organes de la plante destinés à la récolte (feuilles, tiges et racines) qui seront ensuite incinérées (Jemal et Ghorbal, 2002). Le premier essai sur la phytoextraction du Zn et Cd sur le terrain a été mené par Baker *et al.,* (1991) (Padmavathiamma et Li, 2007).

Connue aussi sous le nom de la phytoaccumulation, la phytoextraction représente une technologie émergente dans la phytoremédiation et très respectueuse de l'environnement (Prapagdee *et al.,* 2013). La phytoextraction renferme deux stratégies : la phytoextraction assistée par des chélateurs de métaux ou phytoextraction induite dans lequel des chélateurs artificiels sont ajoutés pour augmenter la mobilité et l'absorption du contaminant métallique, et la phytoextraction continue où l'élimination du métal dépend de la capacité naturelle de la plante pour assainir (Ghosh et Singh, 2005).

La phytovolatilisation : Utilisation des plantes qui absorbent des polluants organiques et d'autres contaminants du sol, les transforment en forme volatile et ensuite les transpirent dans l'atmosphère à travers leurs feuilles (Ghosh et Singh, 2005).

La phytodégradation : Utilisation des plantes pour la dégradation des polluants organiques absorbées par la plante, par l'intermédiaire de certains enzymes qui sont habituellement des déhalogénases, oxygénases et réductases, à des molécules plus simples qui seront incorporés dans les tissus de la plante (Ghosh et Singh, 2005). La rhizodégradation est un processus qui sert aussi à la biodégradation accrue des polluants organiques récalcitrants par l'activité microbienne (bactéries et champignons) de la zone racinaire (rhizosphère), mais nécessite plus de temps que celui dépensé par la phytodégradation (McCutcheon et Schnoor, 2004).

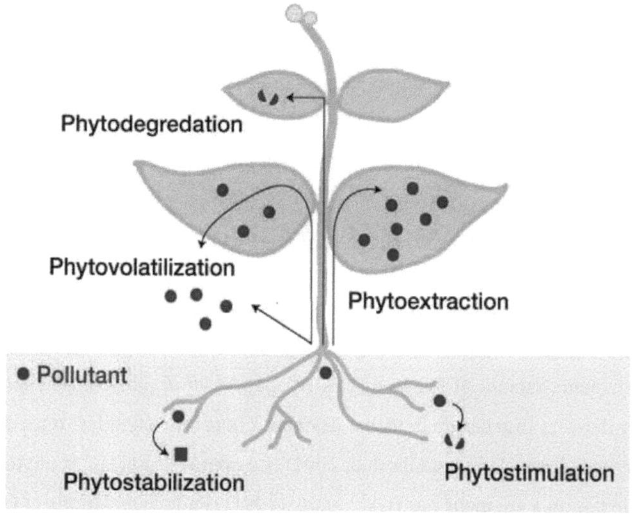

Figure 11 : Différents types de stratégies de phytoremédiation (Pilon-Smits, 2005).

Conclusion générale

Le cadmium (Cd) est l'un des métaux lourds non-essentielles les plus phytotoxique libérés dans l'environnement par le trafic urbain, les industries métallurgiques et l'utilisation intense d'engrais phosphatés (Farinati *et al.,* 2011). Il peut déplacer, au sein des végétaux, certains métaux essentiels comme le zinc (Zn), le fer (Fe) et le calcium (Ca) et perturber ainsi de nombreux processus physiologiques normaux ainsi que causer des aberrantes développementales sévères (Wan et Zhang, 2012).

L'homme est lui-même exposé aux effets néfastes du cadmium, soit par inhalation direct qui ne représente pas la principale voie d'exposition, ou par le transfert efficace de Cd du sol vers les plantes comestibles qui représentent environ 90% de l'exposition à ce métal dans une population non-fumeurs, et environ 50% chez les fumeurs qui inhalent encore le Cd accumulé dans les feuilles du tabac (*Nicotiana tabacum*) (Clemens *et al.,* 2013).

Ce mémoire a donc consisté à décrire les différents effets du cadmium sur les grands processus physiologiques des plantes, notamment la photosynthèse, la respiration, la nutrition hydrique, la nutrition minérale et la nutrition azotée en se basant sur les informations et les résultats extrait à partir des études de plusieurs auteurs sur les différentes plantes hyperaccumulatrices du Cd.

Ce travail a également montré le pouvoir des plantes hyperaccumulatrices qui tolèrent l'accumulation du Cd et d'autres métaux lourds malgré leur toxicité, et arrivent donc à se développer dans des sols contaminés, la chose qui a poussé les chercheurs à utiliser les propriétés de ce type de plantes pour la dépollution des sols : c'est la phytoremédiation.

La compréhension moléculaire de l'absorption cadmique, la rétention racinaire, la translocation des racines vers les pousses et les effets sur les différents processus physiologiques et les enzymes y impliqués va permettre d'améliorer les procédés de bioremédiation actuels ou en développer de nouveaux, et aussi de développer des récoltes à faibles accumulation de Cd afin de réduire l'exposition environnementale à ce métal (Clemens *et al.,* 2013).

Références bibliographiques

Affourtit, C., Krab, K., Moore, A.L. (2001). Control of plant mitochondrial respiration. *Biochimica Biophysica Acta – Bioenergetics* **1504**: 58–69.

Alford, E.R., Pilon-Smits, E.A.H., Paschke, M.W. (2010). Metallophytes—a view from the rhizosphere. *Plant Soil.* **337**: 33–50.

Alkorta, I., Hernandez-Allica, J., Becerril, J.M., Amezaga, I., Albizu, I., Garbisu, C. (2004). Recent findings on the phytoremediation of soils contaminated with environmentally toxic heavy metals and metalloids such as zinc, cadmium, lead and arsenic. *Environ. Sci. Biotechnol.* **3**: 71-90.

Andosch, A., Affenzellera, M.J., Lützb, C., Lütz-Meindla, U. (2012). A freshwater green alga under cadmium stress: Ameliorating calcium effects on ultrastructure and photosynthesis in the unicellular model *Micrasterias. Journal of Plant Physiology.* ***169:*** 1489-1500.

ATSDR. (2005). Agency for toxic substance and disease registry, U.S. Toxicological profile for cadmium. Department of health and humans services, Public health service, Centers for disease control, Atlanta, Georgia, USA.

Arasimowicz-Jelonek, M., Floryszak-Wieczorek, J., Deckert, J., Rucinska-Sobkowiak, R., Gzyl, J., Pawlak-Sprada, S., Abramowski, D., Jelonek, T., Gwózdz, E.A. (2012). Nitric oxide implication in cadmium-induced programmed cell death in roots and signaling response of yellow lupine plants. *Plant Physiology and Biochemistry.* **58**: 124-134.

Baize, D. (1997). Teneurs totales en éléments traces métalliques dans les sols. *Edition Quaie. Paris.* **408**: 169.

Barcelo, J., Vazquez, M.D., Poschenrieder, C. (1988). Cadmium induced structural and ultrastructural changes in the vascular system of bush bean stems. *Bot Acta.* **101**: 254–61.

Bisson, M., Diderich, R., Houeix, N., Hulot, C., Lacroix, G., Lefevre, J., et al. (2011). Cadmium et ses dérivés. I N E R I S - Fiche de données toxicologiques et environnementales des substances chimiques. Pages: 1-82.

Boussama, N., Ouariti, O., Ghorbel, M.H. (1996). Cadmium and copper accumulation and influence in nitrate reductase activity in maïze (Zea mays L.). *C. R. Soc. Biol.* **190:** 581-593.

Boussama, N., Ouariti, O., Suzuki, A., Ghorbel, M.H. (1999). Cd-stress on nitrogen assimilation. *J. Plant Physiol.* **155:** 310–317.

Brignon, J.M., Malherbe, L. (2005). Cadmium et ses dérivés. INERIS - Données technico-économiques sur les substances chimiques en France. **25**: 10.

Campbell, N.A., Mathieu, R. (1995). Biologie. *Renouveau pédagogique INC.* Pages : 40, 41, 42, 43, 44, 199, 203.

Cannino, G., Ferruggia, E., Luparello, C., Rinaldi, A.M. (2009). Cadmium and mitochondria. *Mitochondrion.* **9**: 377–384.

Chaffei, C., Gouia, H., Masclaux, C., Ghorbel, M.H. (2003). Réversibilité des effets du cadmium sur la croissance et l'assimilation de l'azote chez la tomate (*Lycopersicon esculentum*). *C. R. Biologies.* **326** : 401–412.

Chen, Y.X., He, Y.F., Luo, Y.M., Yu, Y.L., Lin, Q., Wong, M.H. (2003). Physiological mechanism of plant roots exposed to cadmium. *Chemosphere.* **50**: 789–793.

Chugh, L.K., Gupta, V.K., Sawhney, S.K. (1992). Effects of cadmium on enzymes of nitrogen metabolism in pea seedlings. *Phytochemistry.* **3**: 395–400.

Chugh, I.K., Sawhney, S.K., (1999). Effect of cadmium on activities of some enzymes of glycolyse and pentose phosphate pathway in pea. *Biol. Plant.* **42**: 401-407.

Clemens, S., Aarts, M., Thomine, S., Verbruggen, N. (2013). Plant science: the key to preventing slow cadmium poisoning. *Trends in Plant Science.* Pages: 92-99.

Cobb A. (2007). The element of cadmium: Introduces the element of cadmium, discussing its physical and chemical properties, where it is found, and how it is used. *Marshall Cavendish.NewYork.* **32**: 4.

DalCorso, G., Farinati, S., Maistri, S., Furini, A. (2008). How plants cope with cadmium: staking all on metabolism and gene expression. *J. Integr. Plant. Biol.* **50**: 1268-1280.

Delorme, T.A., Gagliardi, J.V., Angle, J.S., Chaney, R.L. (2001). Influence of the zinc hyperaccumulator Thlaspi caerulescens J. & C. Presl. and the nonmetal accumulator Trifolium pratense L. on soil microbial populations. *Can. J. Microbiol.* **47:** 773–776.

Dennis, D.T., Turpin, D.H., Lefebvre, D.D., Layzell, D.B. (1997). Plant metabolism. *Addison Wesley Longman Harlow.* Pages: 181-199.

Dguimi, H.M., Mohamed Debouba, M., Ghorbel, M.H., Gouia, H. (2009). Tissue-specific cadmium accumulation and its effects on nitrogen metabolism in tobacco (*Nicotiana tabaccum, Bureley v.* Fb9). *C. R. Biologies.* **332:** 58-68.

Durand, T. (2009). Approche protéomique des stress abiotiques chez *Populus tremula* x *P. alba.* Thèse de doctorat. Université D'orléans. 252 pages.

Ekmekci, Y., Tanyolac, D., Ayhana, B. (2008). Effects of cadmium on antioxidant enzyme and photosynthetic activities in leaves of two maize cultivars. *Journal of Plant Physiology.* **165:** 600-611.

Farinati, S., DalCorso, G., Panigati, M., Furini, A. (2011). Interaction between selected bacterial strains and Arabidopsis halleri modulates shoot proteome and cadmium and zinc accumulation. *Journal of Experimental Botany.* **62** : 3433-3447.

Fediuc, E., Lips, S.H., Erdei, L. (2005). O-acetylserine (thiol) lyase activity in *Phragmites* and *Typha* plants under cadmium and NaCl stress conditions and the involvement of ABA in the stress response. *J Plant Physiol.* **162**: 865-872.

Filipic, M. (2012). Mechanisms of cadmium induced genomic instability. *Mutation Research.* **733** : 69-77.

Gallego, S.M., Pena, L.B., Barcia, R.A., Azpilicueta, C.E., Iannone, M.F., Rosales, E.P., Zawoznik, M.S., Groppa, M.D., Benavides, M.P. (2012). Unravelling cadmium toxicity and tolerance in plants: Insight into regulatory mechanisms. *Environmental and experimental botany.* **83**: 33-46.

Ghnayaa, T., Nouairib, I., Slamaa, I., Messedia, D., Grignonc, C., Abdellya, C., Ghorbel, M.H. (2005). Cadmium effects on growth and mineral nutrition of two halophytes: *Sesuvium portulacastrum* and *Mesembryanthemum crystallinum. Journal of Plant Physiology.* **162:** 1133-1140.

Ghosh, M., Singh, S.P. (2005). A review on phytoremediation of heavy metals and utilization of its byproducts. *Applied ecology and environmental research* **3**(1): 1-18.

Gill, S.S., Khan, N.A., Tuteja, N. (2012). Cadmium at high dose perturbs growth, photosynthesis and nitrogen metabolism while at low dose it up regulates sulfur assimilation and antioxidant machinery in garden cress (*Lepidium sativum L.*). *Plant Science.* **182:** 112-120.

Gill, S.S., Hasanuzzaman, M., Nahar, K., Macovei, A., Tuteja, N. (2013). Importance of nitric oxide in cadmium stress tolerance in crop plants. *Plant Physiology and Biochemistry.* **63**: 254-261.

Glenn, E.P., Brown, J.J., Blumwald, E. (1999). Salt tolerance and crop potential of halophytes. *Critical reviews in plant sciences.* **18:** 227-255.

Gonzalez-Meler, M.A., Taneva, L., Trueman, R.J. (2004). Plant respiration and elevated atmospheric CO_2 concentration: Cellular responses and global significance. *Annals of Botany.* **94**: 647–656.

Gouia, H., Ghorbel, M.H., Meyer, C. (2000). Effects of cadmium on activity of nitrate reductase and on other enzymes of nitrate assimilation pathway in Bean. *Plant Physiol. Biochem.* **38:** 629-638.

Guo, T. R., Zhang, G. P., Zhou, M. X., Wu, F. B., Chen, J. X. (2007). Influence of aluminum and cadmium stresses on mineral nutrition and root exudates in two barley cultivars. *Pedosphere.* **17**(4): 505-512.

Gussarsson, M. (1994). Cadmium-induced alterations in nutrient composition and growth of *Betula pendula* seedlings: the significance of fine roots as primary target for cadmium toxicity. *J Plant Nutr*. **17:** 2151-2163.

Hoefnagel, M. H. N., Atkin, O. K., Wiskich, J. T. (1998). Interdependence between chloroplasts and mitochondria in the light and the dark. *Biochimica et Biophysica Acta - Bioenergetics*. **1366:** 235–255.

Hopkins, W.G. (2003). Physiologie végétale. *Edition de Boeck.* Université de Bruxelles. 532 pages.

Huang, H., Xiong, Z. (2009). Toxic effects of cadmium, acetochlor and bensulfuron-methyl on nitrogen metabolism and plant growth in rice seedlings. *Pesticide Biochemistry and Physiology.* **94:** 64–67.

Huff, J., Lunn, R.M., Waalkes, M.P., Tomatis, L., Infante, P.F. (2007). Cadmium-induced cancers in animals and in humans. *Int J Occup Environ Health.* **13**(2): 202-12.
Humbert, A. (2010). Distribution et écologie de l'hyperaccumulateur de cadmium, de zinc et de nickel *Noccaea caerulescens* (J. & C. Presl) F.K. Mey. dans le massif vosgien. Mémoire de fin d'études : Master FAGE. Nancy-Université. 40 pages.

Jemal. F., Ghorbal, M.H. (2002). Phytoremédiation. Laboratoire de nutrition et métabolisme azotés, Département de biologie, Faculté des sciences, Campus universitaire, 1060 Tunis-Tunisie. *Revue H.T.E.* N: 122.

Juste, C., Chassin, P., Gomez, A., Linères, M., Mocquot, B. (1995). Les micro-polluants métalliques dans les boues résiduaires des stations d'épuration urbaines. Convention Ademe / I.N.R.A. (contrat INRA n° 22/92.039 - contrat Ademe n° 2750007).

Kesseler, A., Brand, M.D. (1994). Effects of cadmium on the control and internal regulation of oxidative phosphorylation in potato tuber mitochondria. *Eur. J. Biochem.* **225:** 907-922.

Kim, Y.Y., Yang, Y.Y., Lee, Y. (2002). Pb and Cd uptake in rice roots. *Physiol Plant.* **116:** 368-372.

Kim, C.G., Bell, J.N.B., Power, S.A. (2003). Effects of soil cadmium on *Pinus sylvestris L.* seedling. *Plant Soil.* **257:** 443-449.

Kirkham, M.B. (2006). Cadmium in plants on polluted soils: Effects of soil factors, hyperaccumulation, and amendments. *Geoderma.* **137:** 19-32.

Kotrba, P., Mackova, M., Macek, T. (2011). Microbial Biosorption of Metals. *Technology & Engineering.* 342 pages.

Krantev, A., Yordanova, R., Janda, T., Szalai, G., Popova, L. (2008). Treatment with salicylic acid decreases the effect of cadmium on photosynthesis in maize plants. *Journal of Plant Physiology.* **165:** 920-931.

Landmeyer, J.E. (2011). Introduction to phytoremediation of contaminated groundwater: Historical foundation, hydrologic control and contaminant remediation. *Technology & Engineering*. 436 pages.

Larbi, A., Morales, F., Abadía, A., Gogorcena, R., Lucena, J., Abadía, J. (2002). Effects of Cd and Pb in sugar beet plants grown in nutrient solution: induced Fe deficiency and growth inhibition. *Funct Plant Biol.* **29:** 1453-1464.

Lauer Júnior, C.M., Bonatto, D., Mielniczki-Pereira, A.A., Schuch, A.Z., Dias, J.F., Yoneama, M.L., et al. (2008). The Pmrl protein, the major yeast Ca2+-ATPase in the golgi, regulates intracellular levels of the cadmium ion. *FEMS Microbiol Lett.* **285:** 79-88.

Li, Q., Lu, Y., Shi, Y., Wang, T., Ni, K., Xu, L., Liu, S., Wang, L., Xiong, Q., Giesy, J.P. (2013). Combined effects of cadmium and fluoranthene on germination, growth and photosynthesis of soybean seedlings. *Journal of Environmental Sciences.* **25**(9): 1936-1946.

Martin-Garin, A., Simon, O. (2004). Fiche radionucléide: Cadmium 109 et environnement. IRSN.

Morot-Gaudry, J. (1997). Assimilation de l'azote chez les plantes: aspects physiologique, biochimique et moléculaire. *Crops and nitrogen*. 422 pages.

Marchiol, L., Leita, L., Martin, M., Peterssotti, A., Zerbi, G. (1996). Physiological responses of two soybean cultivars to cadmium. *J Environ Qual.* **25:** 562-566.

MacRobbie, E.A.C., Kurup, S. (2007). Signalling mechanisms in the regulation of vacuolar ion release in guard cells. *New Phytologist.* **175:** 630-640.

Mihoub, A., Chaoui, A., El Ferjani, E. (2005). Changements biochimiques induits par le cadmium et le cuivre au cours de la germination des graines de petit pois (*Pisum sativum L.*). *C. R. Biologies.* **328:** 33-41.

Moudouma, C.F.M. (2010). Etude des mécanismes d'accumulation du cadmium chez *Arabidopsis thaliana* (écotype Wassilewskija) et chez un mélèze hybride (*Larix x eurolepis*) par des approches moléculaire et développementale. Thèse de doctorat. Universite de Limoges. 251 pages.

McCutcheon, S.C., Schnoor, J.L. (2004). Phytoremediation: Transformation and control of contaminants. *John Wiley & Sons.* 1024 pages.

Nedjimi, B., Daoud, Y. (2009). Cadmium accumulationin *Atriplex halimus* subsp. *Schweinfurthii* and its influence on growth, proline, root hydraulic conductivity and nutrient uptake. *Flora.* **204:** 316-324.

Nordberg, G.F. (2009). Historical perspectives on cadmium toxicology. *Toxicology and Applied Pharmacology.* **238:** 192-200.

Padmavathiamma, P.K., Li, L.Y. (2007). Phytoremediation technology: Hyper-accumulation metals in plants. *Water Air Soil Pollut.* **184:** 105-126.

Pedro, C.A., Santos, M.S.S., Ferreira, S.M.F., Gonçalves, S.C. (2013). The influence of cadmium contamination and salinity on the survival, growth and phytoremediation capacity of the saltmarsh plant *Salicornia ramosissima. Marine Environmental Research.* **92:** 197-205.

Perfus-Barbeoch, L., Leonhardt, N., Vavasseur, A., Forestier, C. (2002). Heavy metal toxicity: cadmium permeates through calcium channels and disturbs the plant water status. *The Plant Journal.* **32:** 539-548.

Pilon-Smits, E. (2005). Phytoremediation. *Annu. Rev. Plant Biol.* **56:** 15-39.

Polle, A., Schützendübel, A. (2003). Heavy metal signalling in plants: linking cellular and oganismic responses. In H Hirt, K Shinozaki, eds. Plant Responses to Abiotic Stress, Vol 4. Springer-Verlag, Berlin. Page: 187-215.

Prapagdee, B., Chanprasert, M., Mongkolsuk, S. (2013). Bioaugmentation with cadmium-resistant plant growth-promoting rhizobacteria to assist cadmium phytoextraction by *Helianthus annuus. Chemosphere.*

Rascio, N., Vecchia, F.D., Rocca, N.L., Barbato, R., Pagliano, C., Raviolo, M., Gonnelli, C., Gabbrielli, R. (2008). Metal accumulation and damage in rice (*cv.* Vialone nano) seedlings exposed to cadmium. *Environmental and Experimental Botany.* **62:** 267-278.

Romanowska, E., (2002). Gas exchange functions in heavy metal stressed plants. *Physiology and Biochemistry of Metal Toxicity and Tolerance in Plants*. pp: 257- 285.

Sammut, M. (2007). Spéciation du cadmium, du plomb et du zinc dans les poussières d'émissions atmosphériques d'origine sidérurgique : Approche de l'impact toxicologique des poussières. Thèse de doctorat. Université paul cézanne aix-marseille III. 262 pages.

Sanità di Toppi, L., Gabbrielli, R. (1999). Response to cadmium in higher plants. *Environ Exp Bot.* **41:** 105-130.

Siedlecka, A., Krupa, Z., Samuelsson, G., Quist, G., Gardestrom, P. (1997). Primary carbon metabolism in *Phaseolus vulgaris* plants under Cd/Fe interaction. P*lant Physiol. Biochem.* **3:** 951-957.

Singh, R., Tripathi, R.D., Dwivedi, S., Singh, M., Trivedi, P.K., Chakrabarty, D. (2010). Cadmium induced biochemical responses of *Vallisneria spiralis*. *Protoplasma.*

Solis-Dominguez, F.A., Gonzalez-Chavez, M.C., Carrillo-Gonzalez, R., Rodriguez-Vazquez, R. (2007). Accumulation and localization of cadmium in *Echinochloa polystachya* grown within a hydroponic system. *Journal of Hazardous Materials.* **141:** 630-636.

Vassilev, A., Yordanov, I. (1997). Reductive analysis of factors limiting growth of cadmium-treated plants: a review. *Bulg. J. Plant Physiol.* **23**(3-4): 114-133.

Verbruggen, N., Hermans, C., Schat, H. (2008). Molecular mechanisms of metal hyperaccumulation in plants. *New Phytologist.* **181**: 759-776.

Wan, L., Zhang, H. (2012). Cadmium toxicity: Effects on cytoskeleton, vesicular trafficking and cell wall construction. *Plant Signaling & Behavior*. **7**: 1-4.

Yanqun, Z., Yuan, L., Jianjun, C., Haiyan, C., Li, Q., Schvartz, C. (2005). Hyperaccumulation of Pb, Zn and Cd in herbaceous grown on lead-zinc mining area in Yunnan, China. *Environment International.* **31**: 755-762.

Zorrig, W., Rouached, A., Shahzad, Z., Abdelly, C., Davidian, J.C., Berthomieu, P. (2010). Identification of three relationships linking cadmium accumulation to cadmium tolerance and zinc and citrate accumulation in lettuce. *Journal of Plant Physiology*. **167**: 1239-1247.

Wébographie

Karsenti, T. (2007). La nutrition minérale des plantes. Extrait de cours de Rémi Rakotondradona. E.N.S. Université d'Antananarivo (Madagascar), 180 p. (http://www.thierrykarsenti.ca/sitesweb/peer_evaluation/vf/readings/phase2/rakotondradona_readings.pdf).

Kotchi, S.O. (2004). Détection du stress hydrique par thermographie infrarouge. Application à la culture de la pomme de terre. Thèse de doctorat. Université Laval. (http://theses.ulaval.ca/archimede/fichiers/22198/22198.html).

Vertil. (2011). Le végétal. (http://hortidact.eklablog.com/le-vegetal-c18918179).

yes
I want morebooks!

Buy your books fast and straightforward online - at one of world's fastest growing online book stores! Environmentally sound due to Print-on-Demand technologies.

Buy your books online at
www.morebooks.shop

Achetez vos livres en ligne, vite et bien, sur l'une des librairies en ligne les plus performantes au monde!
En protégeant nos ressources et notre environnement grâce à l'impression à la demande.

La librairie en ligne pour acheter plus vite
www.morebooks.shop

KS OmniScriptum Publishing
Brivibas gatve 197
LV-1039 Riga, Latvia
Telefax: +371 686 204 55

info@omniscriptum.com
www.omniscriptum.com

Printed by Books on Demand GmbH, Norderstedt / Germany